公众关注的转基因问题

农业农村部农业转基因生物安全管理办公室 编

中国农业出版社
北 京

图书在版编目（CIP）数据

公众关注的转基因问题 / 农业农村部农业转基因生物安全管理办公室编. —北京：中国农业出版社，2021.4

ISBN 978-7-109-27998-8

Ⅰ. ①公…　Ⅱ. ①农…　Ⅲ. ①转基因技术－基本知识　Ⅳ. ①Q785

中国版本图书馆CIP数据核字（2021）第038857号

中国农业出版社出版

地址：北京市朝阳区麦子店街18号楼

邮编：100125

责任编辑：张丽四

责任校对：吴丽婷

印刷：北京中科印刷有限公司

版次：2021年4月第1版

印次：2021年4月北京第1次印刷

发行：新华书店北京发行所

开本：787mm × 1092mm　1/24

印张：$1\frac{2}{3}$

字数：50千字

定价：20.00元

服务电话：010－59195115　010－59194918

编写委员会

主　　编：张　文

副 主 编：张宪法　叶纪明

编　　委（按姓氏笔画排序）：

王　东　王长海　王宇婴　王颢潜　付仲文

朱梓荥　刘培磊　刘硕颖　孙卓婧　李　鹭

杨江涛　杨晓光　吴小智　何晓丹　张旭冬

张秀杰　陈子言　郑　戈　柳小庆　徐琳杰

徐海滨　殷启德　郭惠明　黄耀辉　梁晋刚

彭于发　焦　悦　窦庆晨　熊　鹂　翟杉杉

檀　覃

前言

说起转基因技术，尤其是转基因技术在农业方面的应用时，不少公众充满疑惑，甚至谈“转”色变。中国有句古话“民以食为天”，凡是入口的当然要慎之又慎，而网络上“吃了转基因食物会改变自身基因”“转基因食物是癌症增多的罪魁祸首”等谣言曾一度甚嚣尘上，“转基因让中国亡族灭种”“中国转基因被利益集团控制”等阴谋论不断炮制出炉，加之舆论空间中科学声音的欠缺，使转基因技术着上了一层神秘色彩，公众对其产生了担忧和误解。

历史上，不少重大的、突破性的新技术从发明到广泛应用、普遍认可，往往要经历公众从质疑甚至反对，到逐步接受的过程，例如牛痘接种、试管婴儿等。如今，转基因技术广泛应用于食品、工业、医药等众多领域。啤酒酵母、食品添加剂、食品酶制剂、疫苗、胰岛素等，很多都是利用转基因技术生产的产品。在农业方面，转基因作物的出现，有效减少了害虫对作物的影响，减少了农药的使用，节约了劳动力成本，提高了农业的质量和效益。转基因技术正在保障粮食安全、守护人类健康等方面发挥着越来越重要的作用。

拨开迷雾见真相，本书围绕当前农业转基因领域公众关注的问题，努力还原事实真相，期待大家读后对转基因有更多更全面的认识和了解。

本书编写组

2021年3月

目 录

1. 转基因作物虫子吃了会死，人吃了会不会有事？

转基因抗虫作物依靠Bt蛋白杀虫。Bt蛋白来自于苏云金芽孢杆菌（Bt），Bt制剂是一种在有机农业中广泛应用的生物杀虫剂，已安全使用80多年，具有对人畜安全、对环境友好的优势。转基因抗虫作物通过转基因技术将Bt蛋白基因转入作物体内，让作物能自己产生Bt蛋白。一个是“外用”，一个是“内用”，本质上一样。

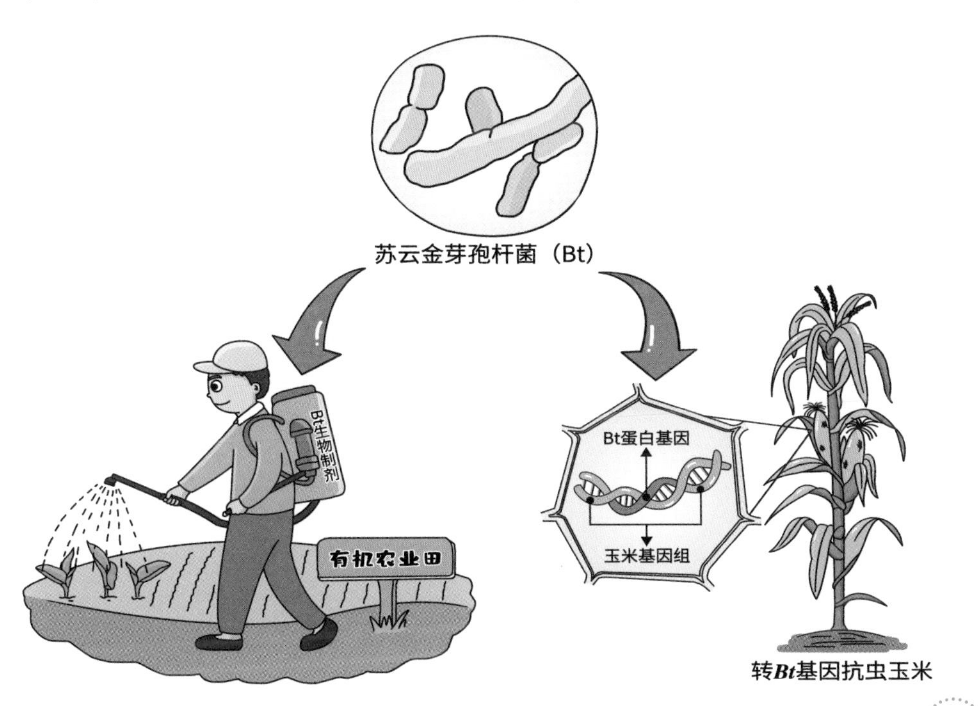

Bt蛋白通过与害虫肠道上的特异性受体结合，可引起害虫肠道穿孔而导致死亡。

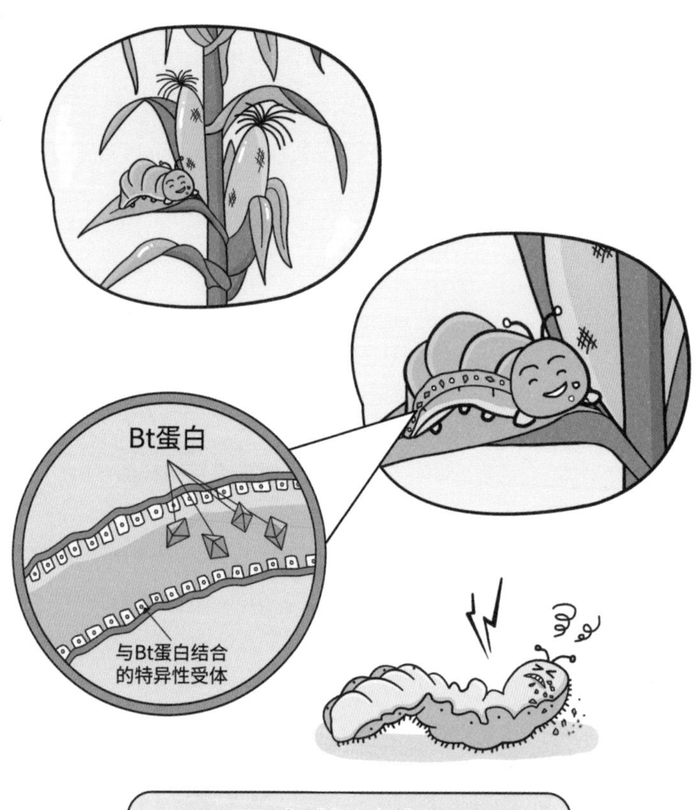

Bt蛋白的杀虫原理

人和虫子的消化道结构不同，生理状况也不同。包括人在内的哺乳动物没有Bt蛋白的特殊结合位点，Bt蛋白能够被分解成氨基酸或者更小的成分，从而被吸收利用。

Bt蛋白高度专一，只对目标害虫有效，对人和畜禽等动物以及其他昆虫都不会有影响，正如一把钥匙开一把锁，一种药物治一种病。这充分体现了科技的精妙之处。

转基因抗虫作物

2．转基因安全性一定要经过长期多代人验证吗?

转基因食品中转入基因表达的最终产物是蛋白质。转基因食品中的蛋白质与其他蛋白质一样，进入人体后会被消化分解成氨基酸等小分子物质，消化系统不会区分这些蛋白质是哪来的。蛋白质是能够被消化、吸收、利用的营养物质，与难以被代谢、降解的有毒有机物、重金属不同。

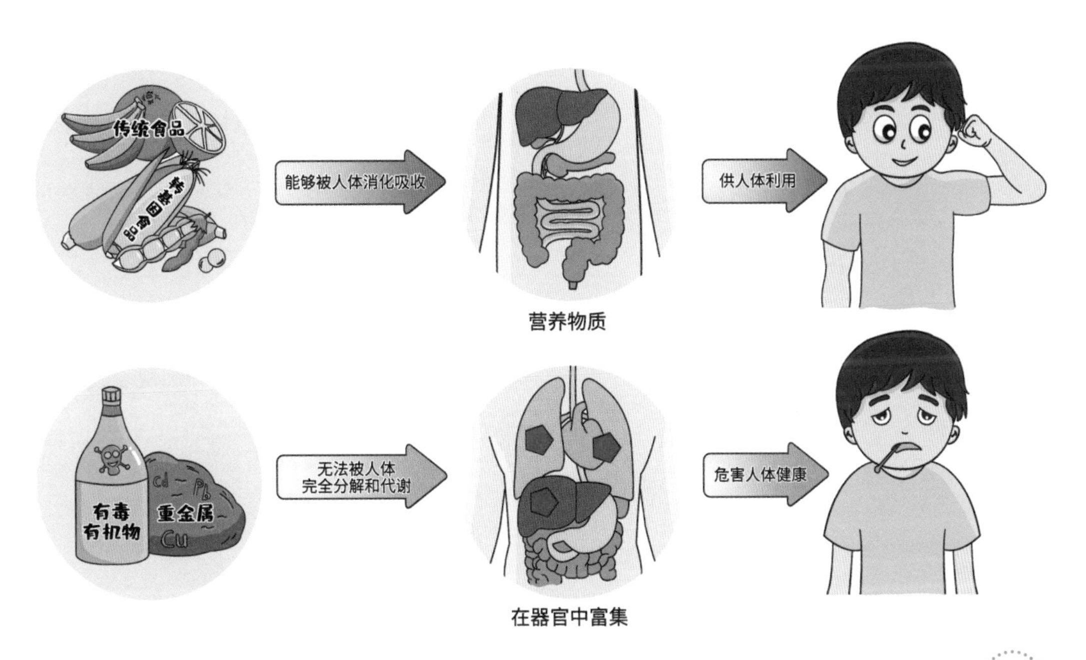

对于有毒有机物、重金属这样会累积的物质，科学家经常开展长期多代的实验研究来观察其对健康的影响，而蛋白质进入人体后被降解、吸收，已经没有验证物的存在，因此，没有必要对转基因食品开展长期验证。

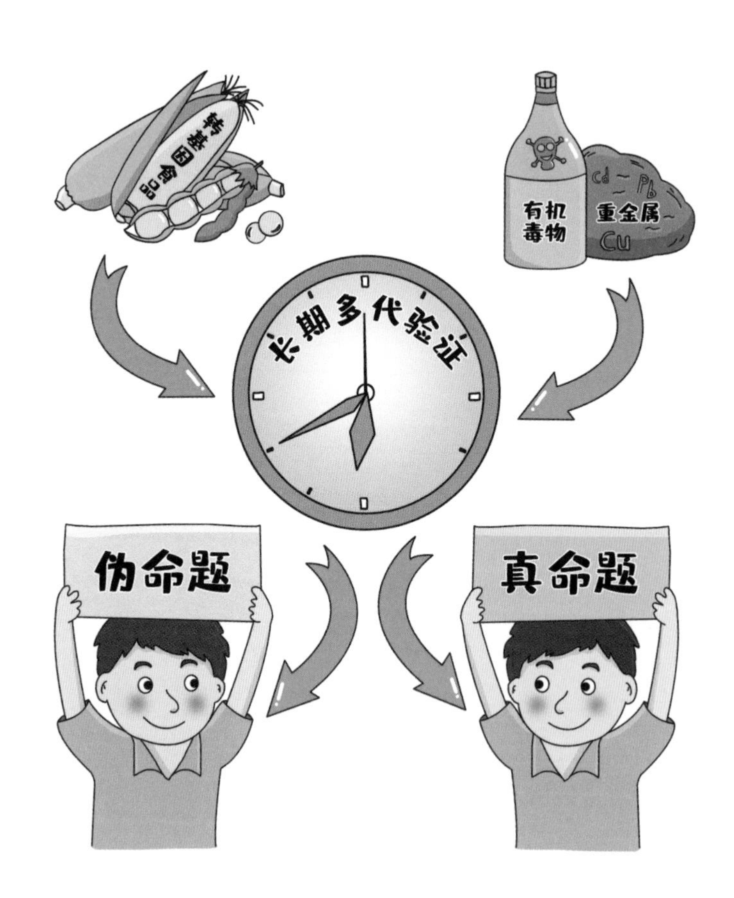

从1996年到现在，转基因饲料已使用20多年，如果按照动物生命周期换算，相当于蛋鸡已经繁衍了20～40代，没有发生一例因使用转基因饲料引起的安全性事件。

3. 美国人和欧洲人到底吃不吃转基因？

2019年，美国转基因作物种植总面积为10.7亿亩，占其可耕地面积的40%以上，居全球转基因作物种植面积第一位。美国种植的92%的玉米、96%的棉花、94%的大豆和99%的甜菜是转基因品种。抗褐变苹果、品质改良马铃薯、快速生长三文鱼等新型转基因产品在美国已经被批准应用。

美国是全球最大的转基因生产和消费国

美国批准的转基因产品

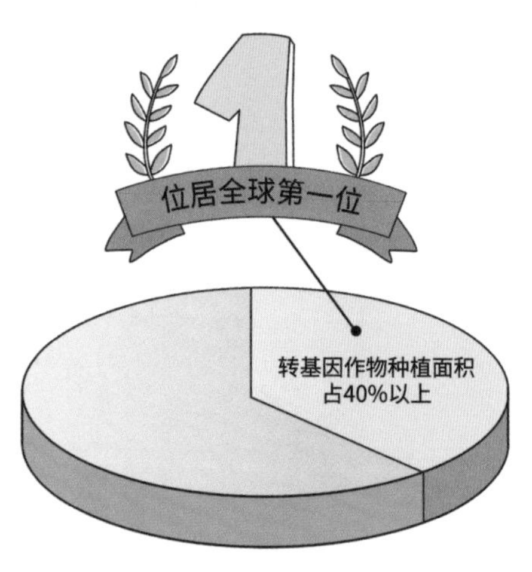

美国可耕地面积（2019年）

据美国杂货制造商协会（GMA）统计：美国市场上75%～80%的加工食品都含有转基因成分。

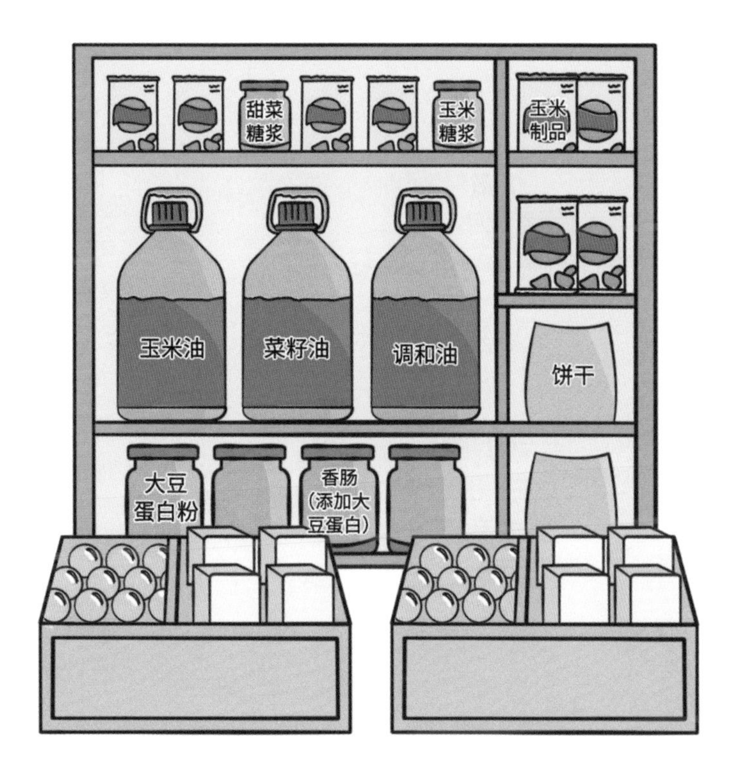

美国每年生产的玉米在3.6亿吨左右，出口量仅4000多万吨；生产的大豆在1亿吨左右，总体出口量在5000万~6000万吨。80%左右的玉米和50%左右的大豆在美国国内消费，不存在美国人自己不吃、全都用来出口的问题。

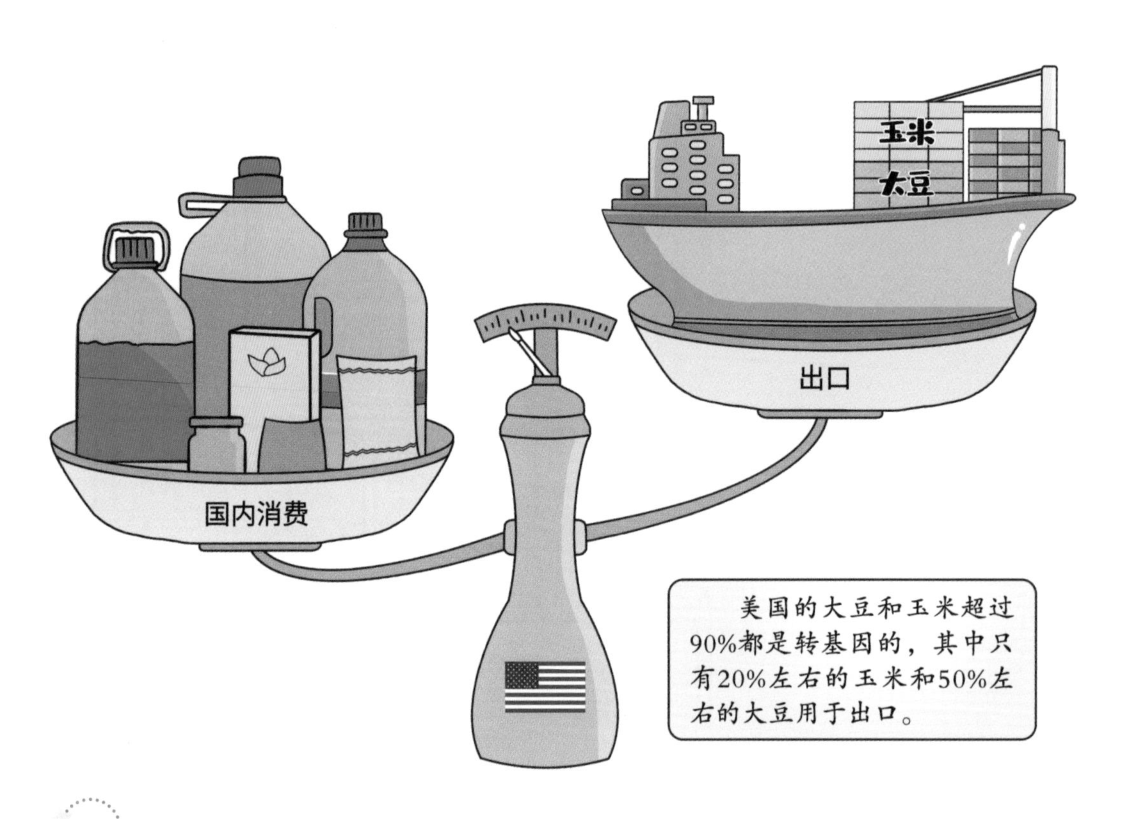

欧盟的西班牙、葡萄牙种植了小面积的转基因抗虫玉米，但欧盟进口的转基因产品并不少。批准进口的转基因产品包括大豆、玉米、棉花、油菜和甜菜，比如2019年进口大豆1465万吨、玉米2377万吨，其中转基因大豆占87%，转基因玉米占27%。转基因大豆占欧盟大豆总消费量的70%以上。

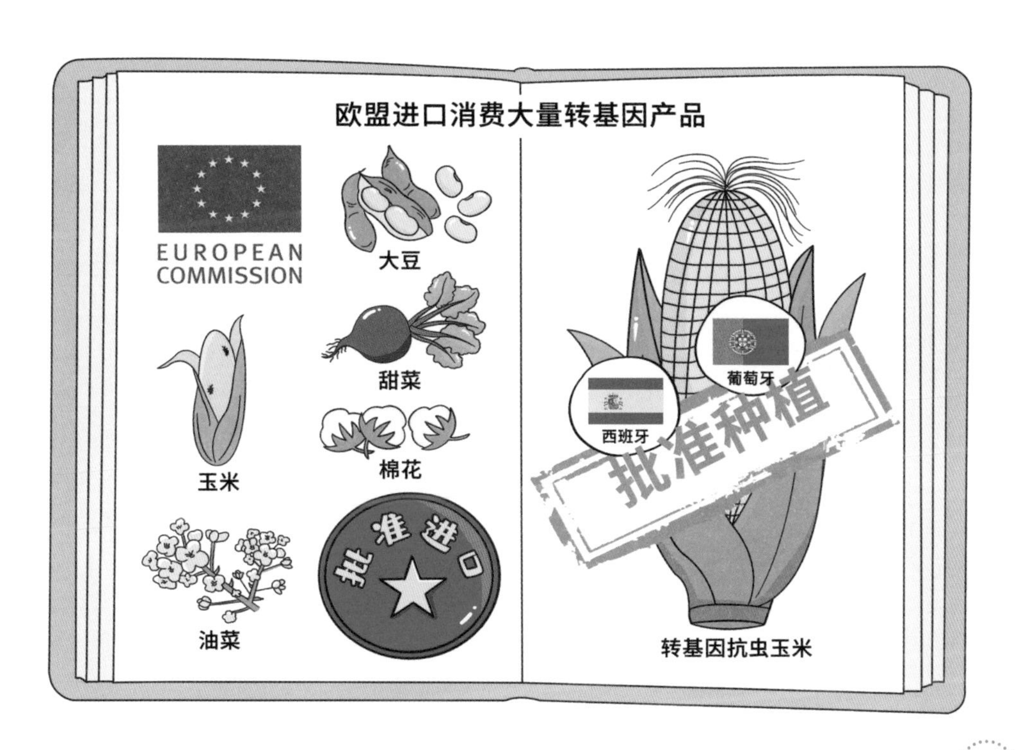

4. 吃转基因食品，人会被“转基因”吗？

什么是转基因，就拿转基因玉米来说吧！

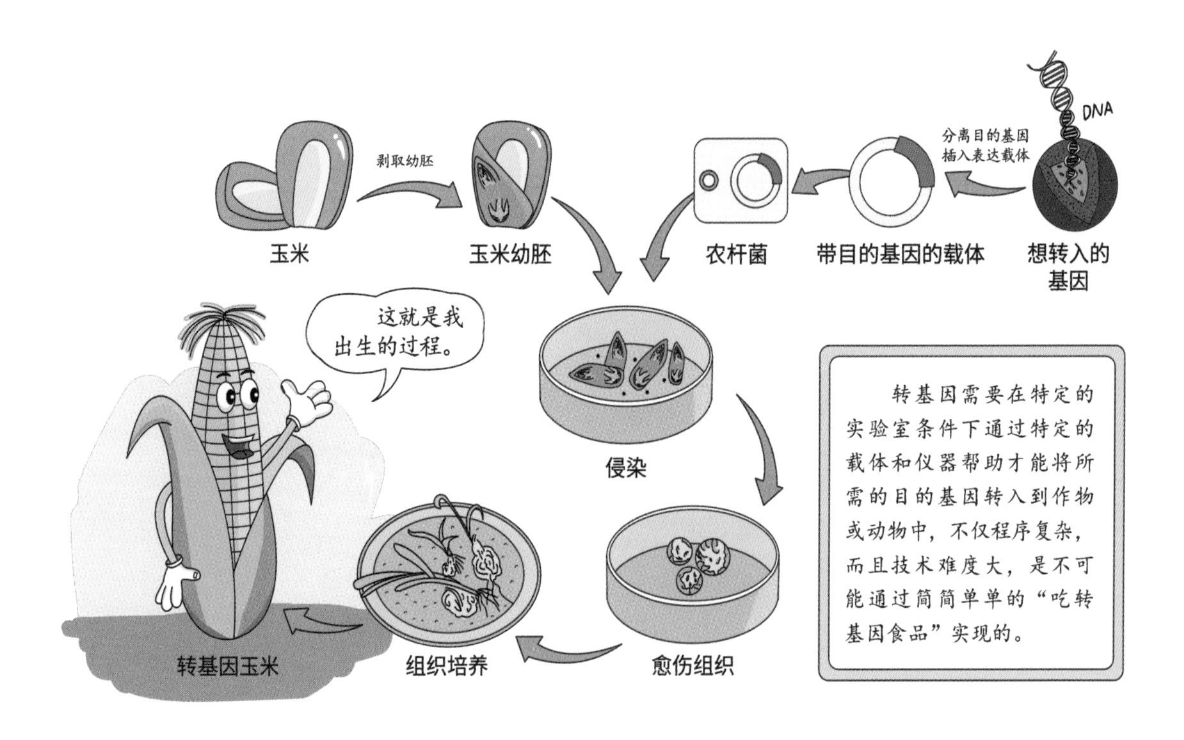

转基因食品中的基因可能“转”到人体里吗？当然不会，食物的基因不管来自哪里，都会被人体消化系统分解，不会进入人体细胞，更不会改变人的基因。所以不可能因为吃转基因食品就会被“转基因”。

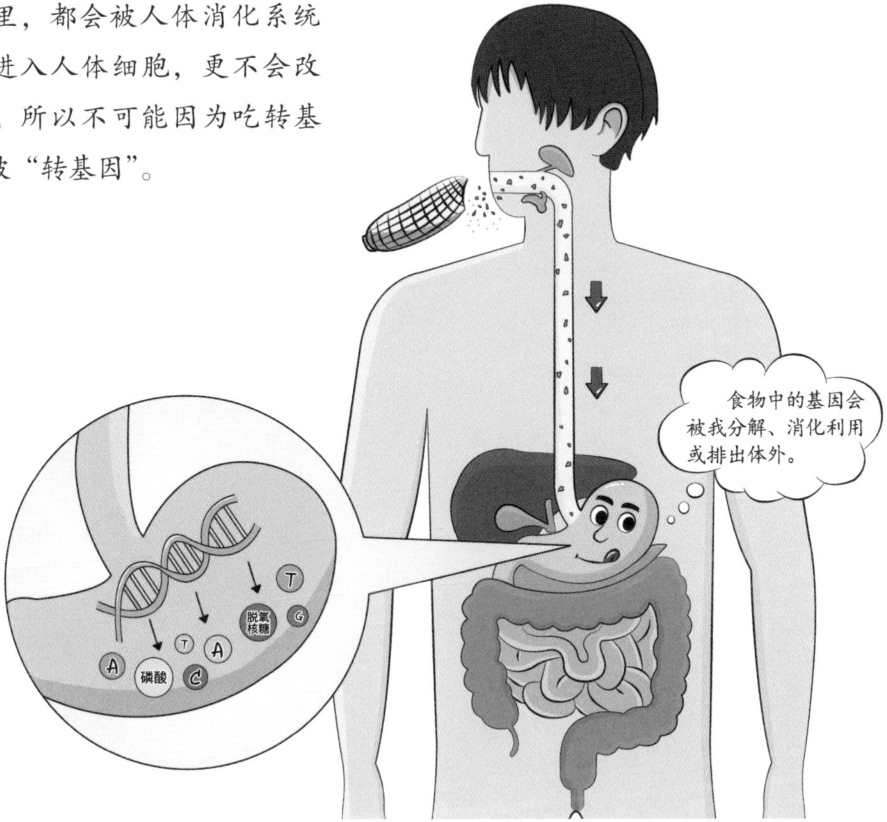
食物中的基因会被我分解、消化利用或排出体外。
T
G
脱氧核糖
T
A
A
磷酸
C

就好比，我们祖祖辈辈食用玉米、猪肉，但玉米和猪的基因根本没有也根本不会改变我们的基因。否则，我们早就不再是今天的我们了。

5. 转基因食品有毒有害吗？

转基因作物在研发时，科学家对转入的基因已经进行了深入研究。转基因作物上市前，还要进行全面的评价和严格的检测，包括毒性、致敏性、营养成分等多个方面，以确保上市产品除了增加我们期望的特性外，不会增加额外的风险。

根据经验，我们一般认为传统食品是安全的，但经验并不完全可靠，一些食物中的危害物质要靠现代科技手段来发现，比如过敏原、致癌物等。转基因食品上市前经过了层层把关，依靠检测、试验逐一排除风险因素，安全性可以放心。

众多国际权威机构长期跟踪研究评估均表明，通过安全评价、批准上市的转基因产品和普通产品一样安全。

世界卫生组织
欧盟委员会
联合国粮农组织等国际组织

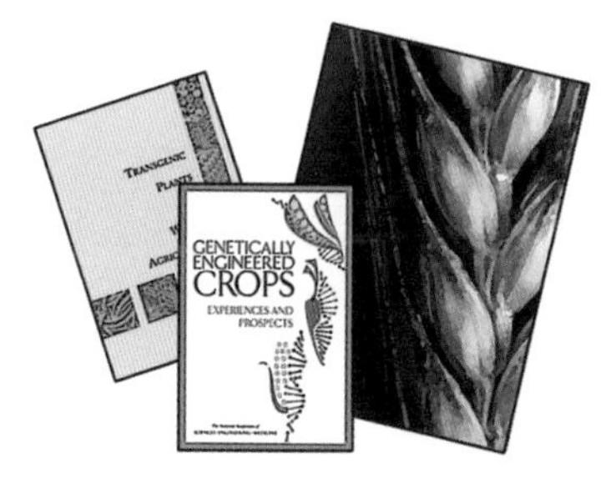

英国皇家学会，美国国家科学院、工程院和医学院，中国科学院等权威机构研究结果

经过安全评价、批准上市的转基因产品是安全的

从生产实践看，转基因产品早已深入人们的日常生活。转基因技术1982年首先应用于医药领域，1989年开始应用于食品工业领域。目前广泛使用的啤酒酵母、食品酶制剂、食品添加剂等，都是使用了转基因技术的产品。

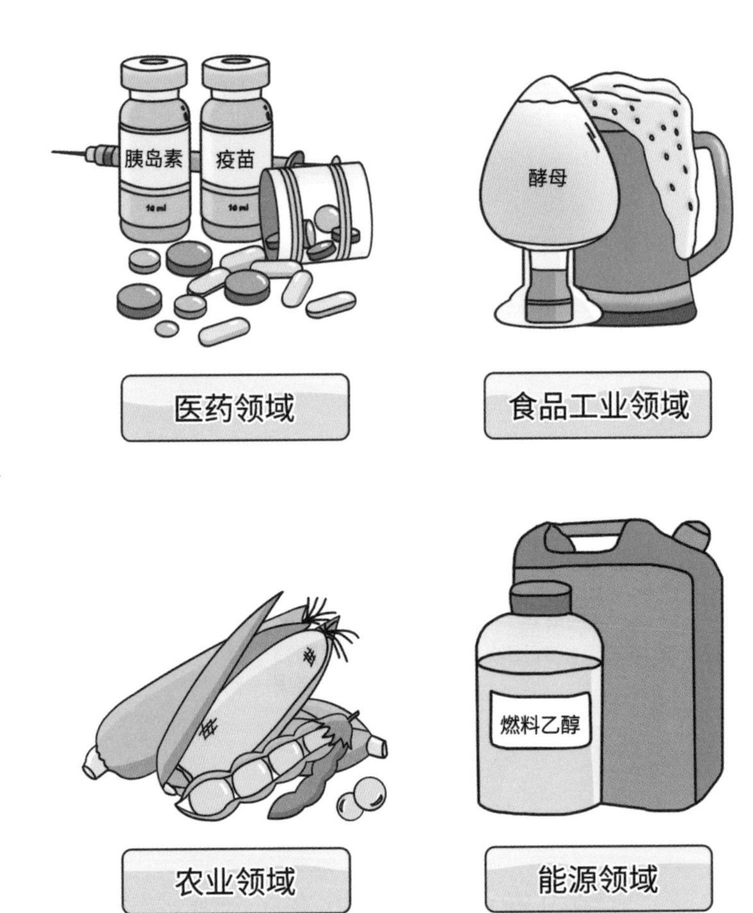

医药领域

食品工业领域

农业领域

能源领域

1996年，转基因作物开始商业化种植。目前，全世界20多个国家种植了近400亿亩*转基因作物，70多个国家和地区的几十亿人食用转基因农产品，没有发生过一例经过科学证实的安全性问题。

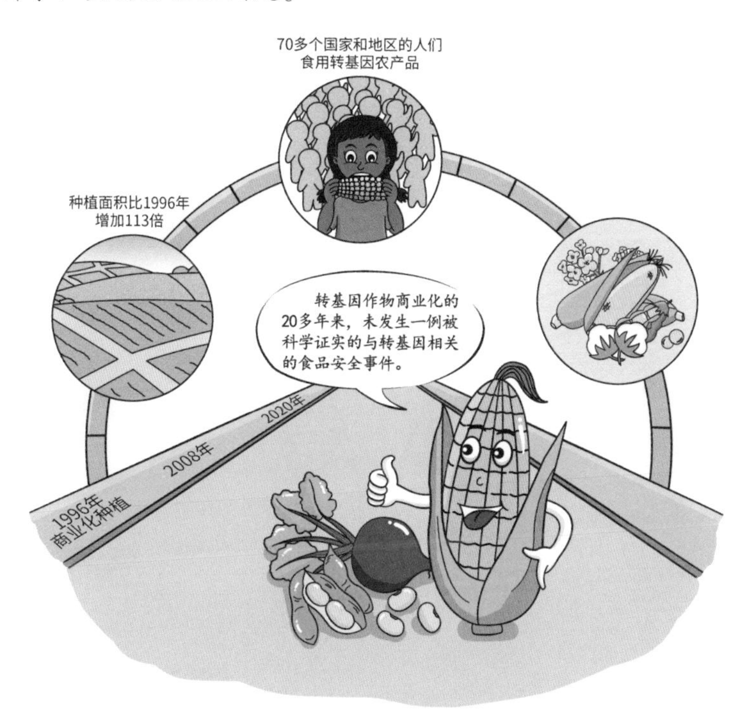

* 亩为非法定计量单位，1亩≈667米^2。——编者注

6. 市场上有哪些转基因产品?

我国允许进口的转基因作物有6种，是棉花、玉米、大豆、油菜、甜菜、番木瓜；允许种植的转基因作物只有两种，是抗病番木瓜和抗虫棉。

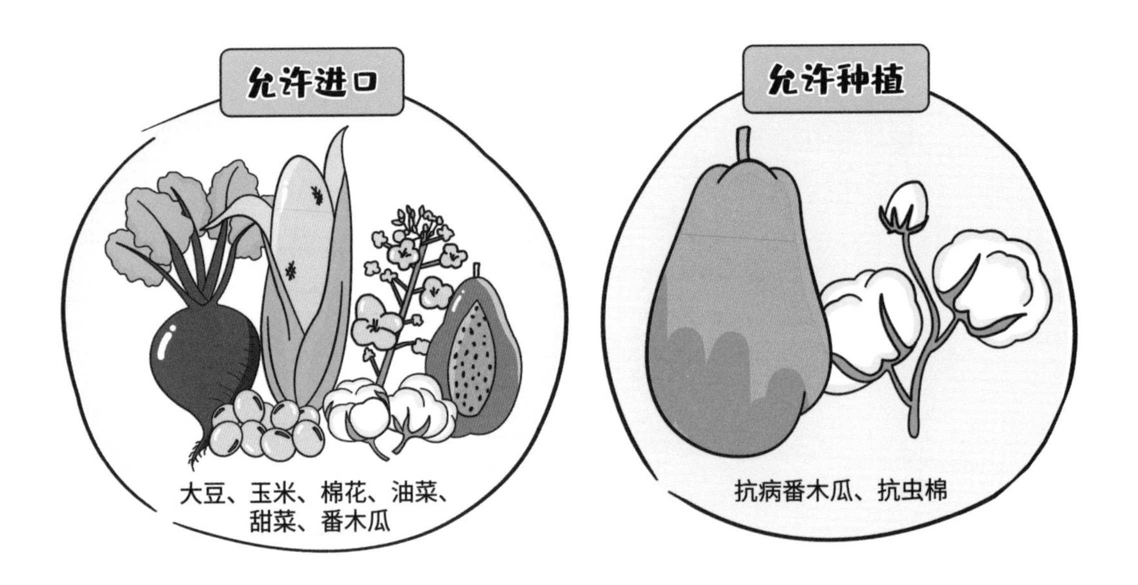

市场上可以见到的转基因食品主要有转基因大豆油、菜籽油、调和油（大豆油、菜籽油制成）和番木瓜。

大豆油、菜籽油、调和油、番木瓜

市场上的转基因食品

网上流传的转基因食品名单，包括圣女果、大个彩椒、小南瓜、小黄瓜、紫薯、甜玉米，其实它们都不是转基因食品，而是人类在长期的农耕实践中培育出的丰富品种资源。

大个彩椒

小番茄、小黄瓜、小南瓜

紫薯

这些都不是转基因产品

7. 转基因种子能留种吗?

农作物能否留种与转基因没有直接关系，而是和种子的类型有关。如果种子是杂交种，若自行留种，会因为性状分离等原因导致作物生产参差不齐，严重影响产量和品质，实际生产中一般不留种。如果种子是常规种的话，就可以继续留种。

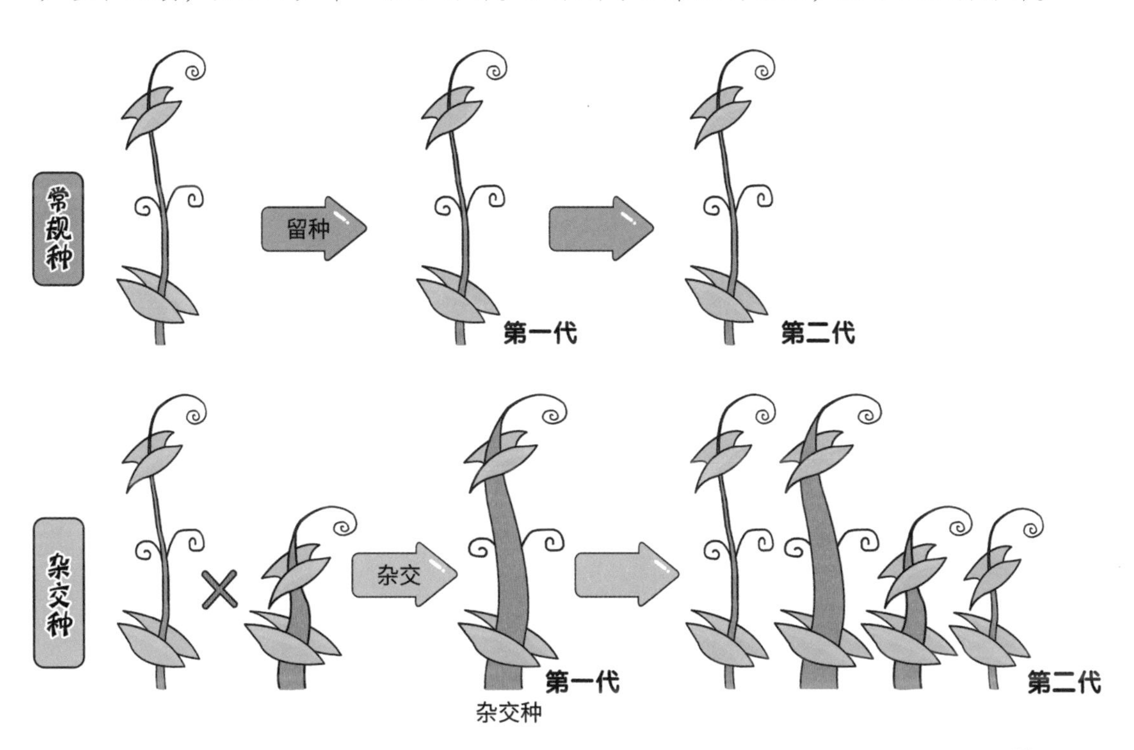

8. 转基因种子能发芽吗？

如果转基因种子不发芽，那么多的转基因产品又是怎么生产出来的呢？只要种植转基因作物，就一定会有种子，就一定能发芽。种子发芽率和温度、湿度、化学制剂处理等因素有关，跟是否转基因没有任何关系。

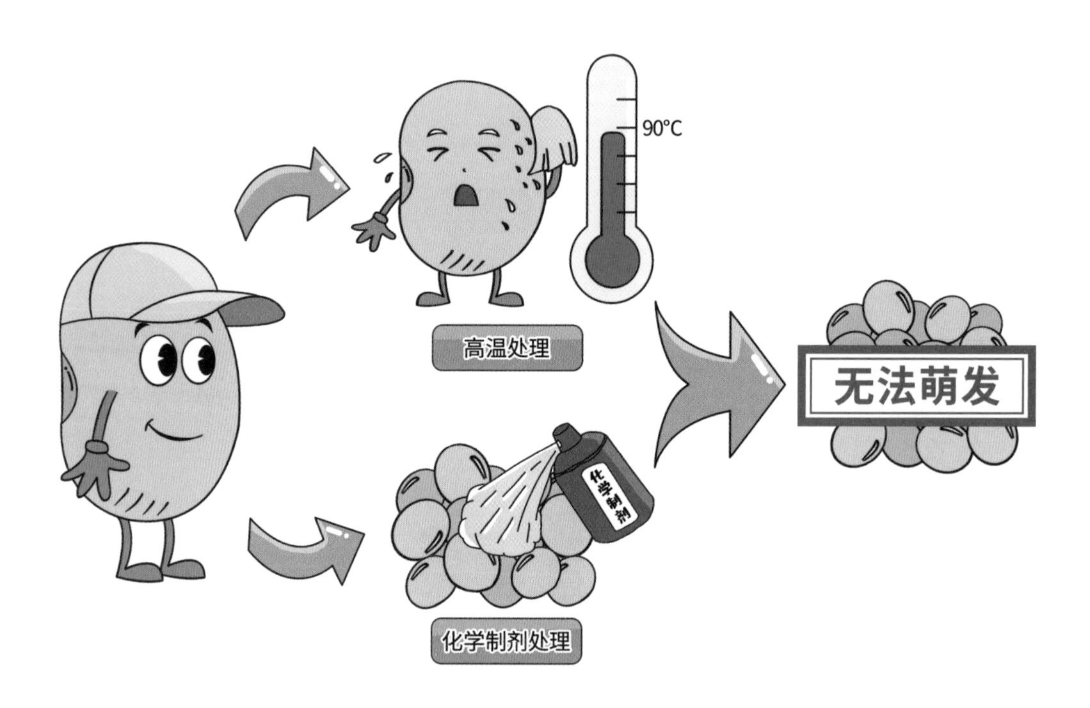

9.转基因玉米会致癌吗?

“转基因玉米致癌”的说法，源于2012年9月《食品和化学毒物学》杂志发表的法国研究人员塞拉利尼的文章，该文章称通过老鼠实验得出转基因玉米致癌的结论。

欧洲食品安全局评估后认为，该研究结论缺乏数据支持，相关实验设计和方法存在严重漏洞，而且该研究实验没有遵守公认的科研标准。简单来说，这个研究不可靠。2013年11月28日,《食品和化学毒物学》杂志发表声明，决定撤回这篇文章。

为了澄清“塞拉利尼实验”的真相，法国及欧盟当局资助并开展了名为“转基因生物风险评估与证据交流”“转基因作物 2 年安全测试”以及“90 天以上的转基因喂养”三个研究项目。

三项研究历时6年，耗资1500万欧元。结果表明，转基因玉米品种在动物实验中并没有引发任何负面效应，也没有发现转基因食品存在潜在风险，更没有发现其有慢性毒性和致癌性相关的毒理学效应。

10. 为什么转基因技术会有那么大的争议?

很多争议源于缺乏了解。纵观科技发展史,每次重大颠覆性理论和技术突破,都可能引发激烈的争论,但不会因为争论而停下发展步伐,转基因技术也是这样。

日心说 VS 地心说

最初人们认为地球是宇宙的中心,直到哥白尼提出日心说。但他的理论在当时并不被认可,经过数百年的争论才慢慢被广泛接受。

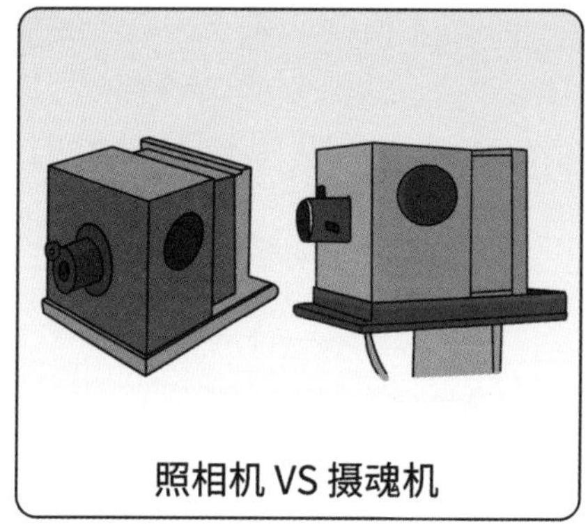

照相机 VS 摄魂机

照相机刚传入中国时,许多人都不敢拍照,认为拍照时魂魄会被吸走。而现在照相已经是大家生活中再平常不过的一件事,不再有魂魄会被吸走这样的担心了。

建铁路 VS 毁龙脉

铁路刚开始建设时,遭到了很多人的反对,有的人认为修铁路会破坏龙脉,所以工人白天修,他们晚上拆。而现在,铁路网络四通八达,也没有人再说修铁路会破坏龙脉这样的话了。

另一方面，人们关心食品安全问题，注重吃得健康，对安全问题较为敏感。转基因技术专业性强，民众对于转基因谣言，容易产生“宁可信其有”的心理。

事实上，转基因在科学上有结论、科学界有共识，通过安全评价、获得批准上市的转基因产品是安全的。

转基因是一项新技术，也是一个新产业，具有广阔的发展前景。我国是农业生产大国，也是农产品消费大国，而我们国家人多、地少、水缺，旱涝、病虫灾害频繁，解决14亿人的吃饭问题始终是头等大事。保障粮食安全，必须依靠科技创新。科学认识和利用农业转基因技术，将有利于我们把发展的主动权牢牢抓在手中，让科技真正造福人类。